BEI GRIN MACHT SICH IHR WISSEN BEZAHLT

- Wir veröffentlichen Ihre Hausarbeit,
  Bachelor- und Masterarbeit

- Ihr eigenes eBook und Buch -
  weltweit in allen wichtigen Shops

- Verdienen Sie an jedem Verkauf

Jetzt bei www.GRIN.com hochladen
und kostenlos publizieren

Steigerung der Gleitzahl von Segelflugzeugen durch aerodynamische Anpassung

Kai Stüber

Bibliografische Information der Deutschen Nationalbibliothek:

Die Deutsche Nationalbibliothek verzeichnet diese Publikation in der Deutschen Nationalbibliografie; detaillierte bibliografische Daten sind im Internet über http://dnb.d-nb.de abrufbar.

ISBN: 9783346961914
Dieses Buch ist auch als E-Book erhältlich.

AKAD University

Elektro- und Informationstechnik (B. Eng.)

Assignment

Steigerung der Gleitzahl

von Segelflugzeugen

durch

aerodynamische Anpassung

zum

Modul SQF24

und Seminar 5003

vom 15.03.2022

von

Kai Stüber

Inhaltsverzeichnis

1. Einleitung

1.1. Hintergrund

Bereits Leonardo Da Vinci und Ikarus hatten stets ihren Blick gen Himmel gerichtet und waren davon fasziniert, wie Vögel fliegen konnten. Jedoch ist es ihnen leider nicht gelungen ihre Träume zu verwirklichen. Erste Durchbrüche verzeichneten nämlich die Ballonfahrer im 18. Jahrhundert. Danach stand dem Erfindergeist nichts mehr im Wege und im Laufe der Zeit haben sich immer mehr Menschen mit der Vorwärtsbewegung im Luftraum befasst. Mittlerweile ist die Luftfahrt weder im kommerziellen noch im privaten Bereich wegzudenken.[1]

Wir bereits erwähnt, spielt die Luftfahrt auch im privaten Bereich eine große Rolle. Sowohl Motor- als auch Segelflug werden als Hobby betrieben. In Deutschland existieren 280 reine Segelfluggelände und 340 Flugplätze, auf denen Segelflug von rund 40 000 Segelfliegern in ca. 900 Vereinen ausgeübt wird. Segelflug wird auch im Wertungssport betrieben, in dem es unter anderem darum geht, so schnell wie möglich eine bestimmte Strecke zu überwinden.[2]

1.2. Problemstellung

Lediglich zum Starten benötigt ein Segelflugzeug eine gezielte Energiezufuhr mit Hilfe eines Klapptriebwerks, eines Schleppflugzeuges oder einer Winde. Gerade bei Segelflugzeugen spielt das Wetter eine sehr große Rolle, da außer beim Startvorgang ihre einzigen Antriebsquellen die Sonnen- und Windenergie sind.[3] Der Pilot hat weder Einfluss auf die Sonneneinstrahlung noch auf die Richtung und Stärke des Windes. Deshalb ist die einzige Möglichkeit sich durch eigene Anpassungen die Gegebenheiten seiner Umgebung zum Vorteil zu machen.

Wie man sieht, gibt es viele verschiedene Möglichkeiten einem Segelflugzeug potenzielle Energie hinzuzufügen. Nach diesem sogenannten Startvorgang gleitet das Flugzeug die Höhendifferenz entweder wieder ab, oder der Pilot nutzt die Sonnen- und Windenergie gezielt zu seinen Gunsten aus und bringt das Flugzeug in aufsteigende Luft, welche abhängig von ihrer Entstehungsart, Aufwind oder auch Thermik genannt wird. Dadurch gewinnt das Flugzeug wieder an Höhe, und der Pilot kann seinen Flug in Richtung Ziel fortsetzen. Gerade im Segelflug-Wertungssport spielt der Faktor Zeit eine große Rolle. Um sich die Thermik zum

---

[1] Vgl. Decher, 2022, S.1
[2] Vgl. Klußmann & Malik, 2017, S.564
[3] Vgl. Klußmann & Malik, 2017, S.563

Vorteil zu machen, müssen Vollkreise mit einem kleinen Radius geflogen werden. Der Grund hierfür ist, dass die Thermik nichts anderes als eine aufsteigende Luftsäule ist, und in ihrem Zentrum die Geschwindigkeit der aufsteigenden Luft am größten ist. Das bedeutet, dass sich das Flugzeug geografisch gesehen kaum seinem Ziel nähert. Je schneller das Segelflugzeug steigt, desto eher kann der Pilot seinen Kurs wieder in Zielrichtung fortsetzen.[4] Da der Pilot die Stärke der Thermik oder des Aufwinds nicht beeinflussen kann, ist es sehr ratsam die beiden Energiequellen so effizient wie möglich zu verwenden. Etwaige Entwicklungen im aerodynamischen Bereich können zu Vorteilen und Leistungssteigerungen im Wertungssport führen.

1.3. Zielsetzung

Das Ziel der Arbeit ist es, aerodynamische Aspekte, die zu einer Verbesserung der Flugeigenschaft von Segelflugzeugen führen, kompakt und übersichtlich darzustellen. Durch Verbesserung der aerodynamischen Eigenschaften des Segelflugzeuges können kleinere Widerstandswerte und somit bessere Steigwerte erreicht werden. Ist die Tragflächenoberfläche nicht vollkommen glatt, so entstehen Verwirbelungen, welche wiederrum einen Widerstand darstellen. Durch dementsprechende Glättung kann dem entgegengewirkt werden.[5] Das Verhältnis zwischen aerodynamischem Auftrieb und Luftwiderstand wird auch Gleitzahl genannt. Druckunterschiede zwischen der Ober- und Unterseite der Tragfläche sind die Grundlage für den Auftrieb. Das Problem ist, dass das anschließende Ausgleichen dieser Unterschiede ebenfalls zu Verwirbelungen führt. Durch verschiedene Maßnahmen können diese Verwirbelungen und der daraus resultierende Widerstand jedoch minimiert werden.[6]

1.4. Vorgehensweise

Zu Beginn werden die Grundbegriffe wie Aerodynamik, Auftrieb und induzierter Widerstand erklärt. Um das Ziel zu erreichen, setzt sich die Arbeit mit den auftretenden Phänomenen im Zuge der Auftriebserzeugung an Tragflächen auseinander. Durch kritisches Gegenüberstellen von unterschiedlichen Lösungsansätzen wird eine Möglichkeit herausgearbeitet, um das Verhältnis von Auftrieb zu Widerstand der Tragflächen von Segelflugzeugen, durch eine Anpassung der Aerodynamik, zu optimieren. Ein Fazit hält die Ergebnisse der Arbeit fest.

---

[4] Vgl. Klußmann & Malik, 2017, S.625
[5] Vgl. Decher, 2022, S.27
[6] Vgl. Kassera, Flug ohne Motor: Das Lehrbuch für Segelflieger, 2020, S.16-17

2. Theoretische Grundlagen
2.1. Aerodynamik

Die Aerodynamik gehört wie auch weitere Teilgebiete dem Bereich der Strömungslehre an und befasst sich aber explizit mit dem Verhalten von Objekten in Luft. Der Begriff Aerodynamik setzt sich aus dem griechischen Wort *aerios* (auf dt. Luft) und *dynamis* (auf dt. Dynamik) zusammen und bedeutet so viel wie die Lehre der Luftkräfte.[7] Unabhängig von der Luftfahrt, kommt die Aerodynamik auch im Automobil-, Schiffsfahrt- und Architekturbereich zur Anwendung.[8] Insgesamt gibt es vier wichtige äußere Kräfte, welche auf ein Flugzeug einwirken. Das wären einerseits die Gewichts- sowie Schubkraft und andererseits der Auftrieb und Luftwiderstand. Da sich diese Arbeit mit Segelflugzeugen auseinandersetzt, welche in diesem Fall keinen eigenen Antrieb besitzen, kann die Schubkraft somit ausgeklammert werden. Auftrieb und Luftwiderstand gehören zu den Kräften, welche durch eine Bewegung des Flugzeuges und direkten physischen Kontakt mit der Luft entstehen. Die Gewichtskraft wiederrum entsteht durch keinen direkten Kontakt.[9]

2.2. Gewichtskraft

Sie wird umgangssprachlich auch als Gewicht bezeichnet, steht im Zusammenhang mit dem Gravitationsfeld und ist somit keine Luftkraft, wie Auftrieb und Luftwiderstand. Die Gewichtskraft kann man sich vereinfacht als Kraft, ausgehend vom Flugzeugschwerpunkt, in Richtung des Erdmittelpunktes vorstellen. Laut Isaac Newton ist die Gewichtskraft proportional zur Masse eines Objektes.[10] Anhand des Beispiels eines Segelflugzeuges, kann das Prinzip gut veranschaulicht werden. Damit es vom Boden abheben kann, muss ihm Energie hinzugefügt werden, wie bei jedem Gegenstand auf der Erde. Da Segelflugzeuge keinen eigenen Antrieb besitzen, muss es diese Energie von außen beziehen. Zum Beispiel kann das Flugzeug mit Hilfe einer Seilwinde oder eines Motorflugzeuges in eine bestimmte Höhe gebracht werden. Betrachtet man lediglich die Versetzung eines Segelflugzeuges in eine größere Höhe ohne zugefügte kinetische Energie, also Geschwindigkeit, so fällt und beschleunigt das Flugzeug in Richtung Erdmittelpunkt. Durch diese Bewegung entstehen Luftkräfte wie Luftwiderstand und Auftrieb.[11]

---

[7] Vgl. Hall, Beginner's Guide to Aerodynamics, 2021
[8] Vgl. Klußmann & Malik, 2017, S.15
[9] Vgl. Hall, Beginner's Guide to Aerodynamics, 2021
[10] Vgl. Hall, What is Weight?, 2021
[11] Vgl. Kassera, Flug ohne Motor: Das Lehrbuch für Segelflieger, 2020, S.13

2.3. Luftdruck

Um sich die Erzeugung des Auftriebs erklären zu können, muss vorerst auf die Eigenschaften der Atmosphäre, also der Lufthülle, welche die Erde umgibt, genauer eingegangen werden. Ist ein ruhendes Objekt, zum Beispiel eine Tragfläche völlig von Luft umgeben, so herrscht überall an ihr derselbe Druck. Der Druck ist definiert nach der Kraft pro Fläche. In dem Beispiel mit der Tragfläche entsteht durch die Gewichtskraft ein Druck, welchen die Luft auf diese Fläche ausübt. Man kann sich pro Fläche eine darüberstehende Luftsäule vorstellen, welche bis zu dem Punkt reicht, an dem keine Luft mehr existiert. Grundsätzlich kann gesagt werden, dass sich der Luftdruck exponentiell zur Höhe alle 5 km halbiert.[12] Der Referenzdruck wird auf Meereshöhe gemessen und kann zum Beispiel für die exakte Höhenmessereinstellung in Flugzeugen verwendet werden, so dass alle Flugzeuge die gleiche Bezugshöhe besitzen, um Missverständnisse und falsche Flughöhen vorzubeugen.

2.4. Auftrieb

Wird der Begriff der Auftriebskraft, oder kurzgesagt des Auftriebs verwendet, muss immer die genaue Bedeutung klargestellt sein. Denn es gibt zwei unterschiedliche Arten von Auftrieben. Die statische Auftriebskraft wirkt bei Objekten in einer Flüssigkeit oder in einem Gas, wenn die Dichte des Objektes kleiner als die Dichte der Flüssigkeit oder des Gases ist.[13] Somit ist die Auftriebskraft größer als die Gewichtskraft und das Objekt steigt nach oben. Ein gutes Beispiel dafür ist ein Holzstück im Wasser. Aber auch Heißluftballone funktionieren genau nach demselben Prinzip. Wenn jedoch in Verbindung mit Segelflugzeugen von Auftrieb gesprochen wird, dann ist in diesem Fall von der aerodynamischen Auftriebskraft die Rede. Sie entsteht dann, wenn sich das Flugzeug durch die Luft bewegt. Die Auftriebskraft ist abhängig von der Form, Größe, Geschwindigkeit und Lage des Körpers gegenüber der anströmenden Luft. Außerdem spielt die Luftdichte auch eine Rolle.[14]

Die Tragfläche ist eines der wichtigsten Elemente eines Segelflugzeugs. Ihre Form und Bauweise ist für den Auftrieb erheblich von Bedeutung.

---

[12] Vgl. Hall, Gas Pressure, 2021
[13] Vgl. Klußmann & Malik, 2017, S.45
[14] Vgl. Kassera, Flug ohne Motor: Das Lehrbuch für Segelflieger, 2020, S.14

Wird eine Tragfläche von einem Luftstrom umströmt wie in Abbildung 1, was dasselbe ist, wie wenn sie sich durch ruhende Luft bewegt, so entsteht je nach Querschnitt und Anstellwinkel ein Auftrieb. Der Anstellwinkel ist der Winkel zwischen der Richtung der anströmenden Luft und der Profilsehne der Tragfläche. Die Profilsehne ist eine gedachte Gerade von vorderstem zu hinterstem Punkt eines Tragflächenquerschnitts.[15] Die Luftströmung, welche in dem Moment der Auftriebserzeugung am Tragflügel anliegt, besteht aus zwei verschiedenen Strömungen. Einerseits aus einer ebenen Strömung, welche an dem Tragflächenprofil anliegt und andererseits aus einer zirkulierenden bzw. drehenden Strömungskomponente.[16]

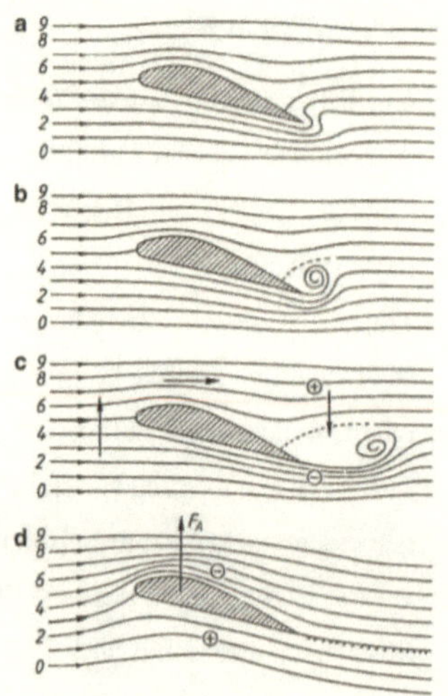

Abbildung 1: Strömungsverhalten an Tragflächen (Bschorer & Költzsch, 2021, S.311)

Abbildung 1 zeigt die verschiedenen Stufen von a bis d, zur Bildung von aerodynamischem Auftrieb. Zuerst muss gesagt werden, dass ohne Reibung der Luftteilchen an der Tragfläche und untereinander die Entstehung von aerodynamischem Auftrieb ausgeschlossen wäre. Durch diese Reibung entsteht nämlich die sogenannte Grenzschicht, in welcher bei näherer Betrachtung Luftteilchen auch bei höheren Strömungsgeschwindigkeiten an der Tragfläche haften.[17] Die Strömungsgeschwindigkeit am unteren Ende dieser Grenzschicht, also direkt an der Tragfläche, ist gleich Null und am oberen Ende entspricht sie der Strömungsgeschwindigkeit der Umgebung. Bewegen sich die Luftteilchen innerhalb der Grenzschicht parallel zueinander und geordnet, so spricht man von laminarer Strömung, die unter anderem auch als anliegende Strömung bezeichnet wird. Angenommen die Luftteilchen bewegen sich gegeneinander und in chaotischen Bahnen, so spricht man von turbulenter Strömung.[18] Wie ersichtlich ist (*Abb. 1, b-c*), bildet sich ein sogenannter Anfahrwirbel, welcher infolge der soeben erwähnten Luftreibung entsteht und einen positiven Drehsinn besitzt, also linksdrehend ist. Auf diesen wird aber im Kapitel zum Thema des induzierten Widerstandes noch genauer eingegangen.

---

[15] Vgl. Klußmann & Malik, 2017, S.46
[16] Vgl. Bschorer & Költzsch, 2021, S.311
[17] Vgl. Decher, 2022, S.17
[18] Vgl. Decher, 2022, S.24-25

Zeitgleich zum Anfahrwirbel entsteht ein entgegengesetzter, also rechtsdrehender Luftstrom. (*Pfeile in Abb. 1, c*) Dieses Phänomen ist unter anderem auf den Drehimpulserhaltungssatz zurückzuführen. Dieser besagt, dass in einem abgeschlossenen System der Gesamtdrehimpuls konstant bleibt, wenn kein äußeres Drehmoment wirkt.[19] Ein gutes Beispiel für die Zirkulation ist der Magnus-Effekt, welcher unter anderem mit einem sich drehenden Ball in der Luft veranschaulicht werden kann. Die Reibung der Luft an der Oberfläche des sich drehenden Balls sorgt für eine Zirkulation und Druckdifferenz, also resultierende Kraft. (*Abb. 2*) [20]

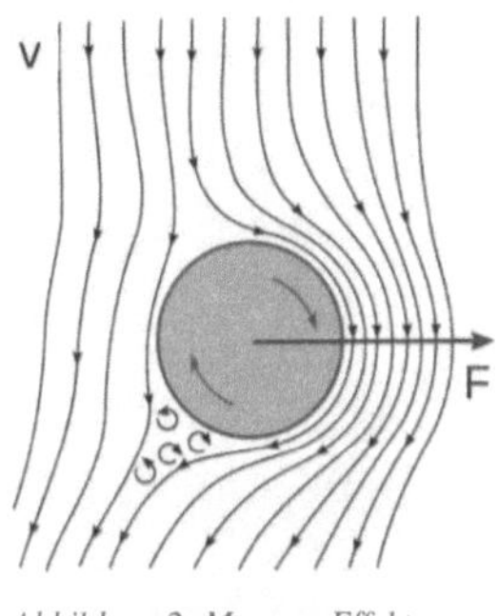

Abbildung 2: Magnus-Effekt
(Boehmler, 2021)

Der linksdrehende Anfahrwirbel verlagert sich mit steigender Geschwindigkeit immer weiter nach hinten, also in Strömungsrichtung (*Abb. 1, b-c-d*). Die vorhandene Zirkulation um die Tragfläche überlagert sich mit der anströmenden Luft und führt demnach auf der Oberseite zu einer höheren und auf der Unterseite zu einer niedrigeren Strömungsgeschwindigkeit. Laut dem Gesetz von Bernoulli herrscht bei Strömungen höherer Geschwindigkeit ein geringerer Druck als bei langsamer fließenden Strömungen. Dies hat zur Folge, dass eine Druckdifferenz zwischen Ober- und Unterseite herrscht, was auch als dynamische Auftriebskraft bekannt ist.[21]

2.5. Luftwiderstand

Hält man bei der Fahrt mit einem Auto die Hand aus dem Fenster, so dass die Luft senkrecht auf die Handfläche trifft, spürt man eine deutliche Kraft, welche durch den Widerstand entsteht, den die Fläche der Hand der anströmenden Luft entgegenbringt. Diese Form des Widerstandes nennt man Form- oder auch Profilwiderstand. Der Profilwiderstand setzt sich aus zwei Komponenten zusammen, nämlich aus dem Druck- und dem Reibungswiderstand. Der Druckwiderstand, wirkt in Strömungsrichtung, ist abhängig vom Querschnitt des Profils und ist proportional zur Geschwindigkeit. Der Reibungswiderstand ist abhängig von der Oberfläche des Objektes und der Art der Strömung und kann zum Beispiel durch Glättung verkleinert werden.[22]

---

[19] Vgl. Drehimpuls, 2021
[20] Vgl. Magnus-Effekt, 2021
[21] Vgl. Bschorer & Költzsch, 2021, S.309-312
[22] Vgl. Klußmann & Malik, 2017, S.143,503,523,701

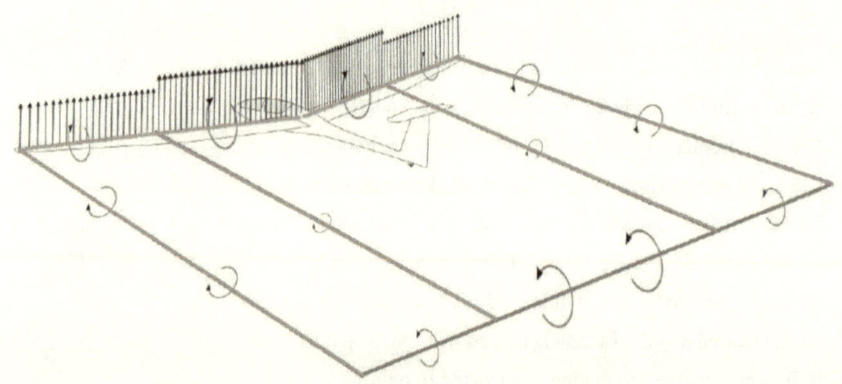

Wie bereits im Kapitel zum Thema Auftrieb erläutert, besteht zwischen der Ober- und Unterseite einer auftriebserzeugenden Tragfläche eine Druckdifferenz. Neben den nach hinten verlagerten Anfahrwirbeln (*Abb. 3, um die rote Linie*) und der Zirkulation um die Tragfläche (*Abb. 3, um die orangene Linie*), entsteht hauptsächlich an den äußeren Enden der Tragfläche auch ein Widerstand, welcher induzierter Widerstand genannt wird (*Abb. 3, um die grünen Linien*).[23]

Mit der Vorwärtsbewegung des Flugzeuges ziehen sich diese Randwirbel somit entlang der grünen Linie in die Länge (*Abb. 3*). Bei Wetterlage mit hoher Luftfeuchtigkeit kann man dieses Phänomen auch bei Verkehrsflugzeugen beobachten. Für die Erzeugung der Randwirbel wird dem Flugzeug Bewegungsenergie entzogen.[24] Sie wirken wortwörtlich als Widerstand. Dieser Widerstand ist abhängig von mehreren Faktoren. Je größer der Anstellwinkel, also der Winkel zwischen anströmender Luft und Profilsehne, desto größer ist der Auftrieb und der induzierte Widerstand.[25] Außerdem ist die Luftwiderstandskraft (F_w) proportional zur Flügelstreckung (λ), welche sich aus der Flügelfläche (A), geteilt durch die Spannweite (b) im Quadrat zusammensetzt.[26]

$$(1) \quad \lambda = \frac{A}{b^2}$$

$$(2) \quad F_W \sim \lambda$$

---

[23] Vgl. Kassera, Flug ohne Motor: Das Lehrbuch für Segelflieger, 2020, S.23
[24] Vgl. Hall, Induced Drag, 2021
[25] Vgl. Klußmann & Malik, 2017, S. 47
[26] Vgl. Bschorer & Költzsch, 2021, S.321

2.6. Profilpolare und Gleitzahl

Sogenannte Profilpolare sind Diagramme, welche sich aus Auftriebsbeiwert (y-Achse) und Widerstandsbeiwert (x-Achse) zusammensetzen. Der Auftriebsbeiwert (C_a) ist ebenso wie der Widerstandsbeiwert (C_w) eine Größe ohne Einheit und abhängig von der spezifischen Profilform.

$$(3) \quad C_W = \frac{2 * F_W}{\rho * v^2 * A} \quad ; \quad C_A = \frac{2 * F_A}{\rho * v^2 * A}$$

Die Formeln sind sich ähnlich, wobei sich nur die miteinbezogenen Kräfte unterscheiden. F_A ist die Auftriebskraft und F_W die Luftwiderstandskraft, v ist die Strömungsgeschwindigkeit, A die Querschnittsfläche des Tragflächenprofils und ρ die Luftdichte (Luftteilchen pro Volumen). [27]

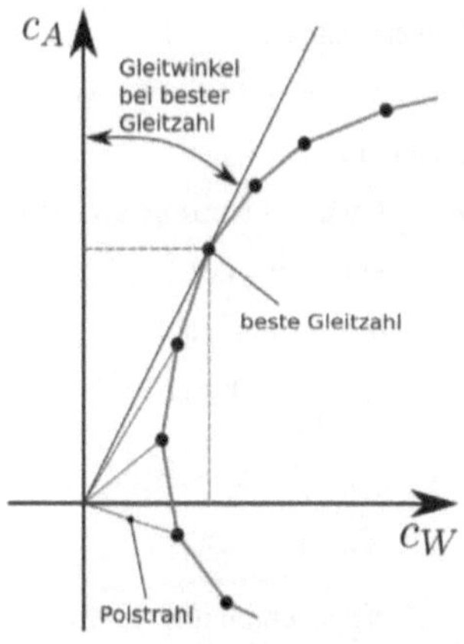

Abbildung 4: Polardiagram (Lilienthalpolare)

Aus dem Diagramm heraus können mehrere Werte direkt abgelesen werden. Die schwarzen Punkte repräsentieren Messungen mit verschiedenen Anstellwinkeln. Der maximale Auftriebsbeiwert ist der höchste Punkt der Kurve und kann an der y-Achse abgelesen werden und somit auch der dafür benötigte Anstellwinkel. Im Schnittpunkt der Kurve mit der C_W-Achse ist der Auftriebsbeiwert gleich Null und somit kein Auftrieb vorhanden, so kann man zum Beispiel auch ablesen, bei welchem Anstellwinkel kein Auftrieb erzeugt wird. Die Gleitzahl (E) ist das Verhältnis von Auftrieb und Luftwiderstand und somit gleich dem Verhältnis von Auftriebsbeiwert und Widerstandsbeiwert.

$$(4) \quad E = \frac{F_A}{F_W} = \frac{C_A}{C_W}$$

Aus dem Diagramm heraus entspricht der Punkt, an welcher Stelle der Polstrahl die Kurve tangiert, der besten Gleitzahl. Der Winkel zwischen diesem Polstrahl und C_A-Achse ist der beste Gleitwinkel. [28] Des Weiteren sagt die Gleitzahl etwas über die Effizienz eines Segelflugzeuges aus, also welche Höhe es im Verhältnis zu seiner zurückgelegten Strecke verliert. Theoretisch kann ein Segelflugzeug mit einer Gleitzahl von 50 aus einer Höhe von 1 km insgesamt 50 km weit gleiten. Dies gilt aber nur für ideale Bedingungen.[29]

---

[27] Bschorer & Költzsch, 2021, S.206
[28] Vgl. Polardiagramm (Ströhmungslehre), 2021
[29] Vgl. Klußmann & Malik, 2017, S.281

3. Ansätze zur Verbesserung der Gleitzahl

Wie man aus der Formel zur Berechnung der Gleitzahl sieht, verhält sie sich proportional zum Auftrieb und umgekehrt proportional zum Luftwiderstand. Wie bereits in den vorherigen Abschnitten erwähnt, ist jedoch immer ein Luftwiderstand für die Auftriebserzeugung nötig, deshalb ist es nicht sinnvoll, den Auftrieb zu vergrößern. Daher befassen sich die folgenden Abschnitte nur mit der Reduzierung des Luftwiderstandes.

3.1. Verringerung des Druckwiderstandes

Der Druckwiderstand ist stets in Strömungsrichtung gerichtet. Er ist ein Teil des Gesamtwiderstandes und verhält sich proportional zur Strömungsgeschwindigkeit v, sowie zur Querschnittsfläche A der Tragfläche, welche in Abbildung 1 zu erkennen ist.
Folglich kann durch eine langsamere Fluggeschwindigkeit der Widerstand reduziert werden. Dies führt aber auch zu mehr Gesamtflugzeit, was wiederum nicht für den Segelflug-Wertungssport förderlich ist. Eine Möglichkeit ist es zum Beispiel, wie bei Nurflüglern, also Flugzeuge mit nur einem Flügel und ohne Höhenleitwerk, eine Reduzierung der Querschnittsfläche und somit einen geringeren Druckwiderstand zu erreichen. In dieser Arbeit soll sich jedoch mit standardisierten Segelflugzeugen befasst werden; deshalb werden Nurflügler ausgeklammert.

3.2. Minderung der Reibung

Beim Vorbeiströmen von Luft an der Tragfläche entsteht eine Oberflächenreibung, bzw. Verringerung der Strömungsgeschwindigkeit. Diese Abläufe in der Grenzschicht wurden bereits im Kapitel zum Auftrieb genauer erläutert. Mittels dieser Form der Reibung wird dem Flugzeug Bewegungsenergie entzogen. Durch eine geringere Reibung verringert sich auch der Gesamtwiderstand. Dies kann zum Beispiel durch eine Glättung der Oberflächen erreicht werden.[30] Jedoch gibt es dort Grenzen in der Fertigungstechnik. Zusätzlich ist darauf zu achten, dass ein gutes Gleichgewicht zwischen Strömungsgeschwindigkeit und Reibung herrscht, ansonsten führt weniger Reibung auch zu geringerem Auftrieb. Ohne Reibung zwischen Luft und Tragfläche kann kein Auftrieb entstehen.[31]

---

[30] Vgl. Hall, What is Drag?, 2021
[31] Vgl. Decher, 2022, S.17

3.3.Reduzierung des induzierten Widerstandes

Bei der Erzeugung von aerodynamischem Auftrieb entsteht induzierter Widerstand (*Abb. 3, um die grünen Linien*). Diese sogenannten Randwirbel hören nicht auf sich zu drehen, sobald das Flugzeug weitergeflogen ist, sondern verbleiben noch eine Weile. Die Stärke der Wirbel ist abhängig von der Auftriebskraft, die das Flugzeug generiert. Genauer gesagt verhält sich der induzierte Widerstand proportional zum aerodynamischen Auftrieb. Durch eine Minderung dieser Randwirbelverluste kann eine höhere Gleitzahl erreicht werden. [32]

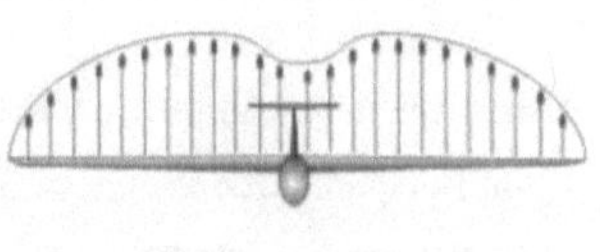

Wie das Wort bereits sagt, entstehen Randwirbel am Rand der Tragfläche durch den Druckunterschied, welcher zwischen Ober- und Unterseite der Tragfläche herrscht und für den Auftrieb zuständig ist. Eine Verkleinerung des Seitenverhältnisses (1) reduziert den induzierten Widerstand und somit den Gesamtwiderstand (2). Fertigt man die

Abbildung 5: Elliptische Auftriebsverteilung am Tragflügel

Tragfläche so an, dass der Auftrieb bis zum Rand auf null abnimmt, so entsteht eine elliptische Auftriebsverteilung (*Abb. 5*), welche sich unter allen möglichen Tragflächen als effektivste erwiesen hat.[33] Zwar kann auch eine Vergrößerung der Spannweite das Verhältnis zwischen Auftrieb und induziertem Widerstand erhöhen, jedoch ist dies aus wirtschaftlicher Sicht und aus dem daraus resultierenden Platzverbrauch nicht sonderlich sinnvoll.

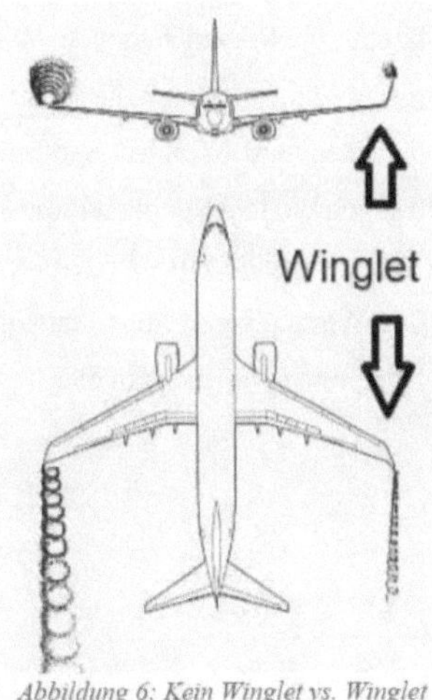

Abbildung 6: Kein Winglet vs. Winglet

Möchte man die Spannweite beibehalten und den induzierten Widerstand verringern, so können sogenannte Winglets Abhilfe verschaffen. Sie sind spitz zulaufende und nach oben führende Flügelenden, welche den Auftrieb bis zum Rand auf null reduzieren und somit den induzierten Widerstand ebenfalls deutlich verkleinern.[34]

---

[32] Vgl. Kassera, Motorflug kompakt - Das Grundwissen zur Privatpilotenlizenz, 2020, S.353
[33] Vgl. Bschorer & Költzsch, 2021, S.321-322
[34] Vgl. Klußmann & Malik, 2017, S.706-707

4. Schlussbetrachtungen

Zusammenfassend kann durch eine Reduzierung des Luftwiderstandes die Gleitzahl erhöht werden. Eine Verringerung des Druckwiderstandes, wie es zum Beispiel bei Nurflüglern der Fall ist, führt zwar auch zur Effizienzsteigerung, bringt jedoch andere Flugeigenschaften mit sich und wird unter anderem deshalb nicht in dieser Arbeit behandelt, da dies den Rahmen sprengen würde. Ebenso kann durch die Reduzierung der Reibung ein besseres Verhältnis zwischen Auftrieb und Widerstand erreicht werden. Dazu muss jedoch ergänzt werden, dass eine Reduzierung der Reibung auch geringeren Auftrieb mit sich bringt. Folglich muss die Strömungsgeschwindigkeit ansteigen, um diesen Auftriebsverlust auszugleichen. Mit steigender Geschwindigkeit steigt der Widerstand quadratisch. Dies ist nicht gerade zielführend.

Einen positiven Einfluss auf die Gleitzahl hat eine Reduzierung des induzierten Widerstandes zum Beispiel durch Winglets. Sie sind die meist verbreitete und in der Praxis angewandte Möglichkeit, um die Gleitzahl zu erhöhen, während Auftrieb und Spannweite nahezu nicht verändert werden müssen. Durch das Anbringen von Winglets kann möglicherweise, durch damit verbundene Maßnahmen zur Stabilisierung des Flugzeuges, ein höheres Gesamtgewicht entstehen. Dadurch wird wiederrum mehr Energie benötigt, um Höhe zu gewinnen.

Abschließend gibt es sowohl positive als auch negative Aspekte für die Verwendung von Winglets. Jedoch überwiegen die Vorteile, da die geringe Gewichtszunahme durch die starke Reduzierung des induzierten Luftwiderstandes mehr als ausgeglichen wird. Winglets sind bereits an den meisten neueren Segelflugzeugtypen verbaut, weshalb es schwierig ist, explizit diese weiter zu verbessern. Eine Möglichkeit wäre, Segelflugzeuge ohne Winglets mit adaptierbaren Winglets zu versehen, was zur Effizienzsteigerung im Segelflug-Wertungssport führt. Außerdem könnten temporär montierte Winglets jederzeit problemlos abgenommen werden, um die Flugeigenschaften flexibel zu verändern.

5. Literaturverzeichnis

Bschorer, S., & Költzsch, K. (2021). *Technische Strömungslehre.* Ingolstadt: Springer Vieweg.

Decher, R. (2022). *The Vortex and The Jet.* Seattle, USA: Springer.

Drehimpuls. (1. Dezember 2021). Von Wikipedia:
https://de.wikipedia.org/wiki/Drehimpuls#Drehimpulserhaltung abgerufen

Dynamischer Auftrieb. (11. März 2022). Von Wikipedia:
https://de.wikipedia.org/wiki/Dynamischer_Auftrieb abgerufen

Hall, N. (13. Mai 2021). *Beginner's Guide to Aerodynamics.* Von Glenn Research Centers:
https://www.grc.nasa.gov/WWW/K-12/airplane/bga.html abgerufen

Hall, N. (13. Mai 2021). *Boundary Layer.* Von Glenn Research Centers:
https://www.grc.nasa.gov/WWW/K-12/airplane/boundlay.html abgerufen

Hall, N. (13. Mai 2021). *Gas Pressure.* Von Glenn Research Centers:
https://www.grc.nasa.gov/WWW/K-12/airplane/pressure.html abgerufen

Hall, N. (13. März 2021). *Induced Drag.* Von Glenn Research Centers:
https://www.grc.nasa.gov/WWW/K-12/airplane/induced.html abgerufen

Hall, N. (13. Mai 2021). *What is Drag?* Von Glenn Research Centers:
https://www.grc.nasa.gov/WWW/K-12/airplane/drag1.html abgerufen

Hall, N. (13. Mai 2021). *What is Lift?* Von Glenn Research Centers:
https://www.grc.nasa.gov/WWW/K-12/airplane/lift1.html abgerufen

Hall, N. (13. Mai 2021). *What is Weight?* Von Glenn Research Centers:
https://www.grc.nasa.gov/WWW/K-12/airplane/weight1.html abgerufen

Kassera, W. (2020). *Flug ohne Motor: Das Lehrbuch für Segelflieger.* Stuttgart: Motorbuch
Verlag.

Kassera, W. (2020). *Motorflug kompakt - Das Grundwissen zur Privatpilotenlizenz.* Stuttgart:
Motorbuch Verlag.

Klußmann, N., & Malik, A. (2017). *Lexikon der Luftfahrt.* Düsseldorf: Springer Vieweg.

Magnus-Effekt. (29. November 2021). Von Wikipedia: https://de.wikipedia.org/wiki/Magnus-
Effekt abgerufen

Polardiagramm (Ströhmungslehre). (1. Mai 2021). Von Wikipedia:
https://de.wikipedia.org/wiki/Polardiagramm_(Str%C3%B6mungslehre) abgerufen

6. Abbildungsverzeichnis